大马警官

　　生肖小镇负责维持交通秩序的警察，机警敏锐。有一辆多功能警用摩托车，叫闪电车，能变出机械长臂进行救援。

喇叭鼠

　　生肖小镇玩具店的老板，也是交通安全志愿者，有一个神奇的喇叭，一吹就能出现画面。

编 委 会

主 编

刘　艳

编 委

李　君　　朱建安

朱弘昊　　丛浩哲

乔　靖　　苗清青

交警叔叔阿姨送给小朋友的礼物！

图书在版编目(CIP)数据

小羊送背心 / 葛冰著；赵喻非等绘；公安部道路交通安全研究中心主编. – 北京：研究出版社，2023.7
（交通安全十二生肖系列）
ISBN 978-7-5199-1478-3

Ⅰ.①小… Ⅱ.①葛… ②赵… ③公… Ⅲ.①交通运输安全－儿童读物 Ⅳ.①X951-49

中国国家版本馆CIP数据核字(2023)第078923号

◆ **特别鸣谢** ◆

湖南省公安厅交警总队

广东省公安厅交警总队

武汉市公安局交警支队

北京交通大学幼儿园

北京市丰台区蒲黄榆第一幼儿园

小羊送背心（交通安全十二生肖系列）

出版发行：中国出版集团有限公司 研究出版社	策　划：	公安部道路交通安全研究中心
出 品 人：赵卜慧		银杏叶童书
出版统筹：丁　波		
责任编辑：许宁霄	编辑统筹：文纪子	
装帧设计：姜　楠	助理编辑：唐一丹	
地址：北京市东城区灯市口大街100号华腾商务楼	邮编：100006	
电话：（010）64217619　64217652（发行中心）		
开本：880毫米×1230毫米　1/24　印张：18	字数：300千字	
版次：2023年7月第1版	印次：2023年7月第1次印刷	
印刷：北京博海升彩色印刷有限公司	经销：新华书店	
ISBN　978-7-5199-1478-3	定价：384.00元（全12册）	

公安部道路交通安全研究中心　主编

小羊送背心

葛 冰 著　姜 楠 绘

中国出版集团有限公司
研究出版社

小羊咩咩的妈妈心灵手巧，在小镇的郊区
开着一家手工编织店。

4

咩咩妈妈织的毛衣、帽子和手套特别受欢迎，
小镇上的居民们都喜欢来买。

一天，象妈妈带着小象来到了编织店。

"您好，我们从南方来，这里的天气好冷啊，我们想买两件毛背心。"

咩咩妈妈很快织好了毛背心，
准备给大象他们送过去。

她一边给孩子们穿衣服，一边说："穿上
颜色鲜艳的衣服，走在路上更醒目，不容易
被车撞到。"

迎面来了辆大货车，咩咩妈妈让两只小羊靠边走。

她叮嘱小羊说："在没有人行道时，要迎着车辆的方向，靠边走，记住了吗？"

"记住啦！"

终于到小镇上了。可是，
大象说的大牛旅店怎么走呢？

狗阿姨告诉他们，对面就是大牛旅店。

咩咩一听，甩开妈妈的手就往旅店的方向跑去。
妹妹也急匆匆地去追哥哥。

为了您的安全，我们一马当先！

大马警官一手牵着一只小羊，
把他们带了回来。

18

"带孩子出门，一定要看紧孩子。"大马警官又对两只小羊说，"小朋友要听家长的话，可不能自己随意乱跑。"

咩咩妈妈很后怕，幸好两只小羊没有遇到危险。

大马警官听说咩咩妈妈要找小象一家后，说："小象一家走错路了才到我们小镇上，我们已经护送他们回家了！"

现在问题来了。这两件大背心，
要怎么办呀？

我会靠边走

步行要走人行道，

人车混行就靠左。

鲜艳衣裳身上穿，

要让司机看到我。

小朋友们，没有人行道时，要靠路左边走哟！

给家长的话

在人车混行道路上沿道路左侧行走更安全

　　家长朋友们，请告诉您的孩子，在道路上行走要走人行道；在没有人行道的人车混行道路上，要靠边行走，尤其是在夜间或雨、雪、雾等低能见度条件下，沿道路左侧行走更安全！这是因为我国实行的是车辆右侧通行原则，如果我们步行也是靠右侧，就无法及时发现身后的来车，车辆驾驶人很可能因为无法及时发现路侧的行人而发生危险。如果行人沿道路左侧（即面向来车方向）行走，就能及时发现前方驶来的车辆，一旦出现意外情况，可以迅速采取避险措施。

　　此外，在夜间或雨、雪、雾等低能见度条件下带孩子出行，最好给孩子穿上颜色鲜艳的衣服，有条件的还可以佩戴反光条，提高视认性。

　　被看见，才安全。